Clusters

Clusters

Pedro Marques

Ateliê Editorial

Copyright © 2010 Pedro Marques

Direitos reservados e protegidos pela Lei 9.610 de 19.02.1998.
É proibida a reprodução total ou parcial sem autorização,
por escrito, da editora.

Dados Internacionais de Catalogação na Publicação (CIP)
(Câmara Brasileira do Livro, SP, Brasil)

Marques, Pedro
Clusters / Pedro Marques. – Cotia, SP:
Ateliê Editorial, 2010.

ISBN 978-85-7480-522-1

1. Poesia brasileira I. Título.

10-09019   CDD-869.91

Índices para catálogo sistemático:
1. Poesia: Literatura brasileira   869.91

Direitos reservados à

ATELIÊ EDITORIAL
Estrada da Aldeia de Carapicuíba, 897
06709-300 – Granja Viana – Cotia – SP
Telefax: (11) 4612-9666
www.atelie.com.br
atelie@atelie.com.br

Printed in Brazil   2010
Foi feito o depósito legal

Sumário

Cardume ou Ramalhete? – Lêdo Ivo 7

Clusters 9

Olfativas 11
Tragédias 17
Alguma Canção 23
Variação Meninas 27
Títulos Estrangeiros 33
Em Cena com o Absurdo 39
Originalidades 43
Quebradeira 49
O Jogo das Definições 53
Droga Moderna 59

Poesia de Dois Gumes – Caio Gagliardi 65

Cardume ou Ramalhete?

A poesia ocidental do século XX, inclusive a de língua portuguesa, respirou o que Mallarmé estatuiu como uma crise de versos. Aí estão os grandes movimentos de vanguarda que mudaram sua fisionomia – o futurismo, o surrealismo, o dadaísmo, os vários modernismos, o ultraísmo, o criacionismo, o letrismo – para documentar a proliferação dos nichos estéticos e ideológicos que tanta variedade e complexidade tingiram o acervo poético de uma era que buscou (e encontrou) novos ritmos, novas palavras, novas estruturas formais e novas emoções e imagens e refletiu um novo mundo.

No umbral deste novo século, não será temerário sustentar-se que a secular crise do verso, caracterizada nomeadamente pela adoção e império do chamado verso livre, se foi transformando em crise de linguagem. Como decorrência da glabalização e emergência de novas linguagens, especialmente a eletrônica, os poetas se vão tornando plurilinguistas: leem e escrevem o idioma de um tempo que promove a abolição das fronteiras nacionais. O português contagiado pela linguagem dos computadores e da televisão corre o risco de tornar-se um internês. Os anglicismos invadem os domínios outrora fechados e resistentes da língua vernacular.

Como uma referência nítida desse processo de plurilinguismo e crise de linguagem, aqui está este *Clusters*, de Pedro Marques. Ele não encontrou na língua nativa uma palavra que, a seu ver, correspondesse à natureza e intenção do seu livro de poemas. A palavra escolhida não prima pela precisão. Pelo contrário, desdobra diante do leitor um feixe de significações: cacho, ramalhete, cardume. Preside-a a larga significação do agrupamento, da reunião. Enfim – *a group of similar things*. É um feixe, um crescimento ou irradiação em galhos; um repúdio à significação unívoca.

Em *Clusters* as palavras são pétalas. Os poemas são flores variegadas que, agrupadas, formam um ramalhete. São peixes que compõem um cardume. São frutas em uma mesa. São seres que se acotovelam na multidão. São fluxos.

A interação do poeta com o mundo real, registrado notadamente na feição mais trivial, rasteira e cotidiana, e até chula, enfileira Pedro Marques na linhagem (ou no cardume?) de uma geração de poetas de um lirismo antilírico, amoldado ao humor e à ironia, à facécia e ao riso. O poeta brinca com os temas, usa imagens oníricas e insólitas num tom de zombaria, salta da expressão contundente ou lacônica para o verso desdobrado. Uma determinação lúdica lhe cadencia os passos de observador do mundo e da vida, que inala os odores dos instantes, e capta as suas cores e rumores, e ainda as emoções fugidias. O poema "Internética" indica o modo como Pedro Marques, ferido pelo contágio eletrônico, testemunha viver num mundo no qual já não podem ser mais encontradas as neves de antigamente.

O dia de ontem foi destruído. Neste livro de poemas, Pedro Marques propõe-se a reconstruir o dia. É, pois, um poeta construtivista.

Lêdo Ivo
Academia Brasileira de Letras

Clusters

Cluster. Em inglês cacho, ramalhete, enxame. Em música, no piano, um aglomerado de notas tocadas com o punho, com a palma da mão, com o antebraço ou mesmo uma tabuinha. Isso no início, depois a orquestra e o coro importaram o recurso. Na pauta, mesmo sua escrita assemelha-se a um cacho de uvas. Um cluster é uma massa sonora, cujo efeito, muitas vezes bastante percussivo, desloca a atenção auditiva de cada nota, linha melódica ou instrumento para a massa em si.

A poesia não concebe o cluster de fato, o sentido aqui é translato. Criar espaços com poemas que, embora demonstrem unidade própria, possam ser lidos em conjunto. Um cluster: um determinado número de poemas se completando ou se anulando. Uma espécie de sala de leitura em que os poemas se tencionam uns aos outros, a ponto de gerar um efeito mais ou menos inteiriço, porém pouco consonante ou lógico. Um título geral e tudo envolvido numa só massa poética. *Clusters.*

Olfativas

[I]

Uma ferida na casca

Uma tarde espirra
da época dos sucos

Meia dúzia de falas
pesadas na charada
de cada gesto dela

[II]

Entornamos a conversa noturna
engarrafando a doença

até sangrar o céu,
até os vira-latas amolados na treva
inalarem dos litros trêbados à calçada
três quartos da nossa alma

Possessos da fome humana, vão

avançar territórios,
disputar dentadas, portões,
desbaratar camaradas de uivadas,
farejar a lua cheia de irmãs e mães

[III]

Sua fotografia engasga a casa

Dia depois dia meus dedos pelejam
com a fuligem da chaminé nenhuma

E como o propósito alemão
movimenta nosso continente,

informei aos vizinhos que você engorda
um campo de concentração

Assim incensamos o milagre

Assim enjaulo sua pose na cristaleira

[IV]

A gasolina pela janela
e o moleque já no carrão que jamais teria

O mar emprestou de muito longe uma maresia

As supergostosas no banco de trás
disputando sua preferência desde o perfume

A praia se renderia ao meninão

[V]

Uma brisa folheia o jardim pela janela
a dama-da-noite levitando as cadeiras

Às vezes atropela este coquetel o rumor de que
um país forte se faz com políticos, médicos,
engenheiros, advogados, economistas, jornalistas

que nem se lembram da professorinha primária
que cantava lições de português e punha de castigo
quem aprontasse campeonato de traque

TrAgéDIAS

[Chuvas de verão arrasam os morros do país]

Devia ter voltado pra casa

Mas o jogo a dinheiro,
cinquenta centavos a mão

Agora que a cachaça o deixava,
queria estar misturado aos seus

Precisar, reconhecer, separar
nacos da esposa
do seu menor

E ainda devia a xepa do mês
em que pesa o deslizamento

[O atropelado]

Quando ele voou embalado pela cidade,
a moça desconhecia time
ou possíveis amores

Mas ele pululava fresco como seus vinte anos

Os recheios da bolsa e do moço acrobata
confundiam-se nas suas mãos de noiva

Ela ainda dedilhou um acorde vermelho
nos cabelos dele
antes de tomar o ônibus errado

[À espera real dos bárbaros]

Eles chegam de todos os lados

Principalmente pelo céu e pelas mercadorias
que não temos

Há algum tempo estão mudados

Depois da luta encarniçada com os alemães,
entraram em Paris – veja o que é a guerra –
aos beijos com aquelas moças brancas
como nossa areia

Mas o filme por estrear é bem outro

Para as aldeias sem escolas e hospitais
enviam cinquenta milhões em bombas

Em toda nossa pobreza semianimal,
nós, os mesopotâmios, acreditamos numa cilada

Multidões de serpentes e escorpiões do deserto
guardam em posição

Qualquer trecho de pele menos protegido,
cada jagunço pode tomar até vinte soldados
de dia ou de noite

[Primeiro gol]

Ronaldo morde a bola
na esquerda da meia-lua
e entrega a redonda carinhosamente
para Rivaldo

Oliver Khan, arqueiro,
assiste a tudo prestes a participar da pintura

O chute é furioso, dolorido

Na desconfiança de matador,
Ronaldo vai conferir o trabalho do goleiro,
que abandona a cria ao leão

Khan ainda se faz gato
para não decepcionar a disciplina wagneriana

É de manhã

No Xingu e na Avenida Paulista
as lágrimas aumentarão as nuvens do anil

Entre os ruídos de rojões e os gritos fundidos a
[outras aflições
ecoa o pedal de uma velha máquina de costura manual

É Soledade, moça em 1958,
bordando sua quinta estrela

Alguma Canção

[Meus Lugares]

Nas paredes do sonho
penduro meus ídolos

Na noite da casa
morcegos em círculos

No alçapão do peito
escorpiões verídicos

No rodapé da menina
meus escritos líricos

No espelho da esperança
meu não quadro clínico

Na folga das portas
brotam bichos cínicos

Na cozinha do olho
a cebola íntima

No quintal dos amigos
sofrer de água límpida

[Avenida da Saudade]

Não esqueço das moças,
das velhas árvores,
dos jardins do orquidário
da Saudade

As calçadas estreitas,
a rua de paralelepípedo,
os muros bêbados que trombei
da Saudade

Quanto ouvir pairando
todas as músicas
Quanto tocar as cordas
no porão
da Saudade

Dava pra ver os morros,
as flores do cemitério,
o choro do velório
da Saudade

Tinha trabalho, escola,
rotina de folhas secas
em voos nas madrugadas
da Saudade

[Bandolim]

Do pulmão fumaça e canto
desenham modas

Imensas ´

A tosse concertada na voz que paira

Os olhos raiaram como um solo
enquanto bebia as unhas

– insistentes –

na volta da reflexão:

Esse bandolim é uma cascata!

Canta, canta bem-te-vi!

Eu era arteiro e o carinho certo depois do tapa

Quando ele domingava, a mãe dizia:

Olha a sombra!

É que eu seguia sua luz segura
Ele arrumava tudo – tudo tinha jeito!
– e às vezes solicitava o moleque:

Cadê aquele dedinho?

Vê se alcança a tampinha de pasta que caiu

no ralo

O resgate me trazia importante

Improvisos não eram temidos

Também a gente se contestava,
cada qual no seu canto desafinado
até os ombros se perdoarem

Hoje, as sombras cobrem o mesmo chão
Suas piadas são minhas
As histórias do vô Pedro são nossas
Estes versos são seus

Amanhã, o barco do peito rebocado
pelo mar de rosas, pó, videoclipes e chuva

Mas olfato ou sabor desbotados
jamais vão calar o que tocaram

Nosso violão dedilhando até

Variação Meninas

[Iniciação]

A menina de risadas lentas
que dançou quadrilha comigo

Da janela de casa beijamos
o primeiro ar da chuva crescendo

Cabelo dela horta de viagem

Chega um dia já moçoila,
as sobrancelhas opacas

– Estou triste
– Por quê?
– Não tenho motivos, só frio

Foi a minha primeira troca de pele

[Maria Celeste]

Balada morta,
madruga espessa

Catei Maria Celeste
morando em nuvens

Os pés importavam asas,
as mãos queriam nadar

No colarinho do mar,
viramos a ressaca

Quinze pernas na praia,
Escorpião no céu

[Goiabada]

Vem de sapatilha goiaba
inflamar o caminho

O outono arrocha o riso:
ela se decifra a garoa

Tremor de terra em minhas mãos

Quem sabe sonhava
antecipar a primavera?

Mordeu um naco do dia
até doce

[Trama]

Havia o mundo
e o vento laminando
os cabelos dela
na enfermaria do meu rosto

Na emergência de saqueá-la,
dormi em armas
afiando a manhã

Cada gota de soro
uma passarada
pelos arcos do hospício

[Fuga]

No quarto embaralhado, se acomoda
a lavanda talhada pelos corpos

Assinalo as entradas da sua fuga

Os trincos na sua luz
acompanham
meu estudo rítmico

E podada a lua da moça,
entrevo o violino
no movimento dos astros

Títulos Estrangeiros

[*No way*]

Menina, de fato és bela!

Mas não te quero

Seria preciso namorar,
conhecer passado
família
teu gato

Quero aventura de puta!

Contigo há trabalho filosófico

E como sou preguiçoso
pra voar com Camões:

Não te quero não

[*Alétheia*]

Noite grossa
ela vem

remendar
a distância

se revelar
fábula

da flor
sufocada

Os pés da voz
no sono

que o dia
lembraria

[*Las pasarelas*]

A primeira vítima
atravessa diariamente
na rapidez necessária
para não romper ripa:
– Corre, cidadão!

A segunda modelo se diverte na paradinha
Testa o valor das tábuas
Aí se balança duas, três vezes
até a ponte soprar metáforas:
o poeta é um solista de pontes

A terceira já chega saltitante
Como se dispusesse de vara descomunal,
sobe não sei em que altura
e na queda descarrega um coice
de alguns séculos:
o filósofo beija o abismo

O doido se aproxima...
Meio caminho andado
começa a encher seus castelos de medo
com gente até desconhecida
suspenso
sobre a palavra

[*Wille zur Wahrheit*]

Se buscas um centro para meus poemas,

somando todas as máscaras
talvez ganhes um porto para labirintos
teus

Te conforta a totalidade?
Declara guerra para sempre

Mãos à fuzilaria!

Tesouras e compassos
para fabricar a unidade nenhuma

À tardinha,
inventada a vitória,
senta sem ser incomodado,

como um gato,

no alto de um telhado

[*Atelier*]

Trabalho um quadro dela

Não há pincéis, tempo ou esboço
Tampouco ela repara

Também não lhe darei de presente esta obra,
                              provisória como todas

Mas há luz!

Destaque-se a porcelana das pernas
A cabeça em pose de girafa
Os seios avançam sobre a hora do *rush*

Meus olhos pintam inutilmente

Em Cena com o Absurdo

Viver um samba absurdamente
simples e triste
de Adoniran Barbosa
e o coração aumentar o tique
e os olhos derrubarem
uma lágrima que de tão simples
só molha

Se Édipo aparecesse
lá nos Estados Unidos,
pegava uma cana

Ela detesta a série Máquina Mortífera,
adora novela das oito,
contesta a revista Carícia
e acha o Latino muito louco

Moça de família,
inteligente e bem educada,
sem nenhuma patente anomalia

Pergunta-se à patrícia:

Você é a favor da pena de morte?
Pelo fim da violência, *of course*!

E a legalização do aborto?
Que absurdo! Tem culpa a criança?

Larga o interfone e sobe, Fabiano!
Mas sem calango frito, é churrasco

Vitória, lá em riba tinha termômetro?
Então tire a febre de hora em hora

Quero essa parede reta, Menino!
O Banco do Brasil não é tapera

Amanhã, Miss Baleia, temos voleibol
Sabe o que é? Não é guerra de coco

Seu Menino, completa, por favor?
No sertão põe-se gasolina em jegue?

Ninguém respondeu palavra
Ainda condenados
numa terra desconhecida e sudestina

Originalidades

[Versão]

Eu e minha amiguinha
plantamos um Amor no quintal
e regamos bem

Cresceu em formidável
pé de feijão que nos apontava o céu

Nunca o escalamos,
só jogos e cabanas em sua sombra

Um dia, eu e Celeste ficamos de mal
e loteamos nosso coração bem como a casa,
                    [os sonhos... essas coisas...

[Cordel intergaláctico]

A molecada acertava o buraco-negro
com Martes e Vênus

Depois de cada cesta
assobios
       festa
            chuva de asteroides
que não caiam aqui na minha mão

Eram seres superiores,
seus olhos os telescópios
que ainda criaremos

Um dia, no monte de astros
que não prestavam para o jogo,
o José nota um planeta azul

Divisa de um cantador arruinado
uns cordéis malogrados
naquela líquida bolinha de gude

Foi um achado tremendo
desses mesmos infantis
descobriram-se aedos
martelando versos mis
inventando novas glórias
nas conhecidas histórias
que perduram por um triz

[Vendo Gol 97, Ar e Vidro]

Odi et amo. Quare id faciam, fortasse requiris
CATULO

Lembra daquele velho hábito
de escrever te amo
no embaçado do carro?

[Internética]

Quero com meu *nike*
navegar os *links*
Quero em cada *site*
visitar-me triste

No vidro do micro
colar tua imagem
Na pasta do arquivo
gravar tua mensagem:

Vou te deletar da vida
sem salvar *byte* no coração
Vai num *e-mail* pra China,
pois com vírus não se brinca não

Quebradeira

[...]

mas era domingo de culpa. Olhos quebrados

1989: o jovem trajando luz toureia o tanque comunista

A fala cambaia embrulha com esperança a despedida

Desci o braço na noite! Pra ver o que doía na casa

Desci o braço na noite! Veio curativo, corte e faca

Desci o braço na noite! Tanto coice, tanta foice, coice

...porque sonhei...

Só ficavam as caixinhas sem palitos, sem CDs
Na verdade, as lembrancinhas sem amigos, sem você

Homens Deuses de homens menores!
Dai aos automóveis o torque do beija-flor!

A mãe arranjou um pote d'água com açúcar
pro passarinho quase inseto
nunca mais abandonar suas tardes de pia,
o pai alertou que a água ferveria

Por baixo dos jornais o moscaréu namora meu medo
Na rua, é preciso *snorkel*

Os manjares dos nove anos retornam em microfonias

Desculpa eu ter nascido

No oceano de caras opacas às vezes brota uma ilha
Frescos como as cores das casas depois da chuva,
são os olhos dela – minha recém-amiga

Fiscalizemos os úteros. Aí se repetirá o novo
Até nas localidades estupradas pela mortalidade infantil

Também quero ser original demais:
ceder o corpo à pesquisa médica,
restar consciência óptica, *wireless*,
viagem sem câncer, gordura ou música ruim

Cadastro sempre o mesmo endereço
e seu reflexo ainda patina pelos móveis

Se eu fosse grisalho, pose de carranca,
óculos de sabidão, pitacasse sobre tudo,
lançaria um livro para não dedicá-lo a você
Que bom ser da minha geração...

Por outro lado, felicidade é ser carro,
casa e sarado no terceiro milênio
Consumir a Europa, museu a céu aberto,
de costas para o desespero do mundo

Amortecido, sobrar na longuíssima cama
durante as reformas
sem aviso das estações

[...]

O Jogo das Definições

[Amizade]

Bom é jogar luas de unha

                    janela afora

pra me matar um pouco,
pra nascerem delas

                    novos demônios

Uma luta de tempestades vai amamentá-los

E eu, pai orgulhoso,

        levarei a passeio,
        ensinarei futebol
        e os apresentarei a um amigo

[Vingança]

– Hei de carregar, São Jorge,
a munição, contrabando
de sua destra sobre-humana
Sem demora vou me armar...
Só tenho medo que as moscas
encubram os rombos abertos
pelo ferro do Pesão
e desovem ali seus vermes
e o corpo do Leo, no mato,
malcheire e a carne apodreça
já que sua vida já era

– Filho de Peleu, soprei
as moscas que vêm lamber
os batidos em batalha
Inda que seu mano velho
permaneça aqui mais de ano,
sua carne continuará
firme e, afirmo, até mais firme
Agora, como o pastor,
convoca os demais soldados!
Ajunta toda a quebrada!
Vai rapidinho pra guerra,
com febre e sangue nos olhos!

[Masoquista]

G. entrou
Eu esperei pomar
driblando as navalhas do vento junino

A. saiu
Uma enguia filhote
me chicoteou um beijo
só hoje meia boca

G. foi meu amigo
A. solidária

Mas como G. a convenceu?
Que diabos se falaram?
Devem ter rido de mim

[Baleia]

Armemos a lista

Como desafogar da memória
uma a uma
as pré-históricas baleias de seios lisos
que abati?

A soma, papo de pescador,
à vontade de glória

Por ser tão grande, tem valia tanta
que só mesmo um ideal de baleia
meticulosamente montado
com as partes mais inflamáveis:
das melhores,
as nadadeiras menos estriadas

Ou, ainda, uma lista transnacional,
digamos hotel à beira-mar,
onde se bronzearia, naturalmente,
qualquer sonho de sereia

[Inveja]

Às pessoas que entendemos próximas
em tempo, lugar, idade ou fama

A mega modelo da moda invejada
pela mortal
que se fantasia do naipe dela

Aos que possuem ou conseguiram
o que desejamos ou tivemos

No espelho da filha, a mãe se vê:
os seios largados ao pó
como frutos que não vingaram

Droga Moderna

[I]

Escalada de vozes no labirinto dos ossos

Ficar louco de alguma ciência
qualquer crença
na verdade
correr da cruz
sossegar na pirâmide

Telamons de areia, suportamos
a cachaça, o domingo, a mulata,
a dedicação do Outro, a pancada de Deus

...ninguém começou a guerra...

Vem Dorinha de afiados tornozelos,
vem com vento e minissaia,
semeando sentido entre as hostes:

– Ria, amigo! Que rir é do homem!

[II]

Os aviões solam na sinfonia da cidade

Dos gigantes deitados escapam os dedos do Sol

Os carros ou os ventos

Vêm raiando os pés velozes
na guerra que nivela todos

Dias que acordo
e um bafo de cigarro
me fumando por dentro
como se meus treze corpos

escoassem por aí, bêbados,
numa festa com cem danadas
num xote-que-xote por cima de mim

[III]

Embarcamos na lida de fragmento

disparado

Na parede destroçada
a poesia enche

a meia lua

Mas era pensar demais
como ser tragado por uma árvore

Bastava a sombra
e as referências gregas
para arrastar

[IV]

Estamos aí

Viver... Morrer... MotoCross...

Diante da corredeira dos segundos,
o destino senta na cadeira de rodas
ou cai no mundo

Mas para onde fugir de si?
Em toda parte uma população de sósias

Quem sabe eu nunca percorra novas ruas?
Nos olhos, os cachorros de a.C.

O mais arcaico dos quebra-cabeças:

Eu

ainda choro e ranjo os dentes

[V]

A chuva canta com toques de menina

No horizonte,
o rosto se abre em montes de riso

Um pombo meio rato batiza
a moça que procura emprego

Um mendigo gargalha de camarote

Lá vem o sol!

Teu cabelo avança,
tece a luz do sol

Meu beijo chega antes do ônibus

Como te acho mais bela
depois das tardes com a outra

[VI]

A multidão esfarela suas senhas
nos guichês do cemitério

São Pedro joga buraco

Chegam notícias de gafanhotos
desmontando o Edifício da Paz:
despencam como chumbo

– Vai pipoca?
– E aí, gato? Eu gemo bem alto
– Lembra de mim?
– Valeu, Nossa Senhora!
– Anjinho furtava chocolate no comércio
– Que tal o caminho do meio?

Voltamos do inferno à noitinha

De novo toda a engenharia
a reconstruir o dia

Poesia de Dois Gumes

Mais do que uma terminologia com irresistível apelo crítico, o que o livro de "estreia" de Pedro Marques define logo de saída é uma solução estética. *Cluster*, palavra-valise que esclarece o arranjo destes poemas, é um procedimento de interferência através do qual o autor nos sugere um modo de ler este livro. Tratou, com esse fim, de agrupar seus poemas segundo critérios definidos, de modo tal que a aproximação entre eles conduza para sua percepção sob um ângulo comum. Daí resulta a conversão de cada poema em parte de um todo mais complexo. A definição da espécie de associação estabelecida entre os textos está já nos títulos dos conjuntos, mas engana por uma aparente simplicidade. Isso porque, embora proposto aqui, o procedimento é empregado sem aquela rigidez monocórdia dos sistemas que tendem a se resolver num único estalo de percepção.

Em "Olfativas", por exemplo, se no primeiro poema o cheiro cítrico não é mencionado, mas sugerido pelo suco que espirra de uma ferida aberta na casca, nos dois textos seguintes "olfativo" não é o referenciado, mas o referente, é a natureza das metáforas empregadas: os verbos "inalar", "farejar" e "incensar" aplicam-se respectivamente a "nossa alma", "lua cheia de irmãs e mães" e "o milagre". Há também espaço para a referência direta aos cheiros, repletos de conotações, da gasolina e da maresia, na parte IV, bem como aos odores contrastantes da dama da noite e do bem humorado "campeonato de traque" dos meninos em sala de aula.

Para alguns leitores, justificar o cluster anunciado em cada título pelos poemas que o compõem produzirá a sensação de revelação do protopoema que justifica cada conjunto, isto é, do texto não-escrito que transcende suas partes constituintes – uma construção virtual, qual uma peça que o leitor executa com base na partitura deixada pelo autor. Para outros, somente essa experiência soará como insuficiente. Nas trilhas das possíveis leituras deste livro, o caminho a ser percorrido tende a se mostrar mais interessante quando feito nas duas mãos. Em outras palavras, se a ida da parte para o todo ajuda a entrever o perfil de cada um desses conjuntos de poemas, é justamente a reversibilidade do processo, isto é, o retorno da ideia de todo para cada uma de suas partes, que reanima os poemas.

*Clusters** é composto de nove conjuntos de poemas com dimensões e temas variáveis, e um poema solto, "Quebradeira", que joga com a polifonia e a multiplicidade de estilos e registros. Não por acaso, "Quebradeira" provoca uma ruptura na estrutura do livro. Talvez, do ponto de vista estrutural, a função desse poema seja sugerir também que a leitura associativa não impede a consideração de cada texto isoladamente. E, de fato, em boa parte das vezes, essa prática é preferível.

Com esse propósito, chamo especialmente a atenção para "Tragédias". É esse o conjunto que reúne, a meu ver, alguns dos melhores poemas do volume. Um exemplo é a releitura de Kaváfis em "À Espera Real dos Bárbaros": "Há algum tempo estão mudados. / Depois da luta encarniçada com os alemães, / entraram em Paris – veja o que é a guerra – / aos beijos com aquelas moças brancas / como nossa areia." O poema transcende a contingência da guerra ao sugerir que estamos todos, como os mesopotâmicos, à espera do ataque.

São diferentes as decisões que Pedro toma. No primeiro e no último conjuntos do livro, os poemas não têm títulos, estão numerados, o que fornece a indicação de que ali a carga, digamos, associativa entre eles tem mais peso nas decisões interpretativas, ao passo que nas partes cujos poemas são intitulados individualmente, sua autonomia em relação aos demais parece ser maior, bem como sua arrumação, mais fortuita. Felizmente, os clusters estão aí para sugerir, e não cercear, possibilidades interpretativas.

A meu ver, a ideia de cluster solicita o leitor por dois fortes motivos: *1*) Na medida em que o poeta encontra uma metáfora para nomear algo que já existe, e em que o ganho que obtém com isso é o de ter colocado o processo em marcha com diversidade e autoconsciência ("Wille Zur Wahrheit"), admite-se que seu leitor evoque essas mesmas estruturas em outros autores. Estamos diante, afinal, da sugestão de adotar o termo como vocabulário crítico. *2*) Por outro lado, um *cluster* aparenta ser a declaração da intenção do autor no próprio texto, de modo tal que a intenção deixe de ser algo exterior e passe a ser dado constitutivo dos poemas. Quando lemos "Tragédias", por exemplo, não nos furtamos a procurar o que Pedro previu que procurássemos, ou seja, aquilo que há de trágico em cada poema. Assim, os *clusters* são como placas de sinalização que indicam um (único?, melhor?, possível?, imprevisível?) percurso de leitura. Intenção que não é, portanto, elaborada tempos depois por um autor ao alcance do bafafá dos leitores, tampouco colhida em testemunhos que deixou para terceiros, como plano de escrita. Mas, numa expressão, intenção em ato.

Por mais sedutora que a ideia de *cluster* possa ser, é também preciso deixá-la de lado. Isso porque o que me parece essencial afirmar sobre a poesia de Pedro Marques é que seu caráter fundamental se faz de uma tensão particular e possivelmente independente do arranjo deste livro.

Notemos que estamos diante de um desfile de lugares e personagens, conhecidos e anônimos, de acontecimentos, frases e entonações que, reunidos, compõem retratos de cenas vivas, por vezes mesmo musicais, que se desenvolvem em ritmo corriqueiro. Desse ângulo, esta é uma poesia construída sobre a ordem pública das coisas: o ônibus lotado, a mega-modelo, o futebol e o gol de Ronaldo, o papo de pescador, o hotel à beira-mar, CDs, automóveis, *snorkel*, a mortalidade infantil, a pesquisa médica, a legalização do aborto, os perigos do câncer, a *nike*, Latino, Máquina Mortífera, a revista Carícia... O poético não é aqui um elemento estranho ao público, pelo contrário, o poético surge como algo que desperta da realidade palpável e ao nosso alcance. A poesia se faz de um olhar enviesado e seletivo, que ora sutiliza o cotidiano, descobrindo notas delicadas em meio a uma massa sonora contínua e pesada, ora o ironiza ou satiriza, revelando a graça de aproximações improváveis: "Se Édipo aparecesse / lá nos Estados Unidos, / pegava uma cana."

A economia de impacto dessa escrita contribui para essa opção pelo real. O impacto procede geralmente de uma supressão de expectativa: é procedimento recorrente neste livro a substituição do tom afetivo pelo irônico. No entanto, a substituição não elimina por completo o substituído. O poema IV de "Olfativas" é um exemplo desse processo. O texto inicia-se assim: "A gasolina pela janela / e o moleque já no carrão que jamais teria. / O mar emprestou de muito longe uma maresia." Esse é um registro elegante, limpo, que é suspenso quando se resolve falar como o menino ("supergostosas"), ou falar para ele ("meninão"): "As supergostosas no banco de trás / disputando sua preferência desde o perfume." Existe a ruptura de tom, mas ao mesmo tempo a manutenção do registro afetivo no último verso: "A praia se renderia ao meninão".

Nesses *clusters*, o leitor se surpreende constantemente com imagens como a de um mendigo às gargalhadas diante da moça que procura emprego sendo "batizada" por um pombo, num poema que se encerra com uma confissão cruel: "Como te acho mais bela / depois das tardes com a outra". Para imagens como essa, serve o conselho, também irônico: "Ria amigo! Que rir é do homem." Já para aquelas passagens de notável força lírica, como: "No espelho da filha a mãe se vê: / os seios largados ao pó / como os frutos que não vingaram.", vem à mente a densa auto-imagem do poeta: "O mais arcaico dos quebra-cabeças: / Eu / ainda choro e ranjo os dentes."

Com base num pano de fundo prosaico, o que caracteriza esta poesia é um constante movimento que resguarda o indivíduo dos contingentes sociais, isto é, que territorializa a lírica como espaço individual que se alimenta dos espaços à sua volta. Longe de ser um retiro artificial (seja ele temático, formal ou estilístico), este espaço poético é demarcado em meio ao coletivo. O lírico aqui não é um isolamento cego à ordem pública das coisas, mas um refúgio em meio a tudo, como o do menino que não ultrapassa o círculo por ele desenhado na areia, enquanto observa banhistas e vendedores fazendo o movimento da praia.

Isso para dizer que é por dar voz a sensações, ideias e sentimentos, cuja natureza é ao mesmo tempo produzida e mal captada coletivamente, que esses poemas se livram de um suposto compromisso ideológico com o mundo. Aqui, o protesto contra o utilitarismo, a reação contra a coisificação da sociedade, não é um traço de gênero, revelador de algum empenho particular, mas uma solicitação constante da individualidade que, ao invés de rancorosa, vive, transforma e se alimenta dessa mesma coletividade. A meu ver, reside nessa tensão específica a força central desses poemas.

CAIO GAGLIARDI
Universidade de São Paulo

Sobre o Autor

Pedro Marques é doutor em Teoria e História Literária pela Universidade Estadual de Campinas (UNICAMP). Coeditor das revistas de poesia *Salamandra* (2001), *Camaleoa* (2001) e *Lagartixa* (2003). Editor do www.poesiaamao.com.br e coeditor do www.criticaecompanhia.com. Organizou a *Antologia da Poesia Parnasiana Brasileira* (2007) e coorganizou a *Antologia da Poesia Romântica Brasileira* (2007), ambas para a Lazuli Editora e Companhia Editora Nacional. Pela Ateliê Editorial, publicou *Manuel Bandeira e a Música – com Três Poemas Visitados* (2008).

Título	*Clusters*
Autor	Pedro Marques
Editor	Plinio Martins Filho
Produção editorial	Aline Sato
Capa	Tomás Martins
Editoração eletrônica	Aline Sato
	Daniela Fujiwara
Formato	13,5 x 21 cm
Papel	Pólen Bold 90 g/m^2
Número de páginas	72
Impressão	Prol Gráfica e Editora (miolo)
	Nova Impress (capa)
Acabamento	Kadochi